这本书属于：

_____

黏液！是谁的？

［英］克莱尔·海伦·韦尔什　著

［英］妮古拉·奥伯恩　绘

朱雯霏　译

GUANGXI NORMAL UNIVERSITY PRESS

广西师范大学出版社

·桂林·

环尾狐猴莱尼正在加利福尼亚度假。这里阳光明媚，他在高高的红杉树上玩得很开心。

莱尼在树枝间荡来荡去，不一会儿就玩累了。
他准备停下来吃点儿东西，就在这时……

不知哪儿来的一团**黏糊糊**的东西，粘住了莱尼的皮毛，好**恶心**！

"我被黏液粘住了！"莱尼说着，用一片树叶擦掉了脏兮兮的黏液。

"黏液？不是我干的。" 一条火蝾螈趴在旁边的树干上，打着哈欠说道，"不过，我的皮肤上的确覆盖着一层黏液，这样皮肤能辅助我呼吸。"

"哇！"莱尼凑近看了看，"可如果不是你，那会是谁呢？**这到底是谁干的？**"

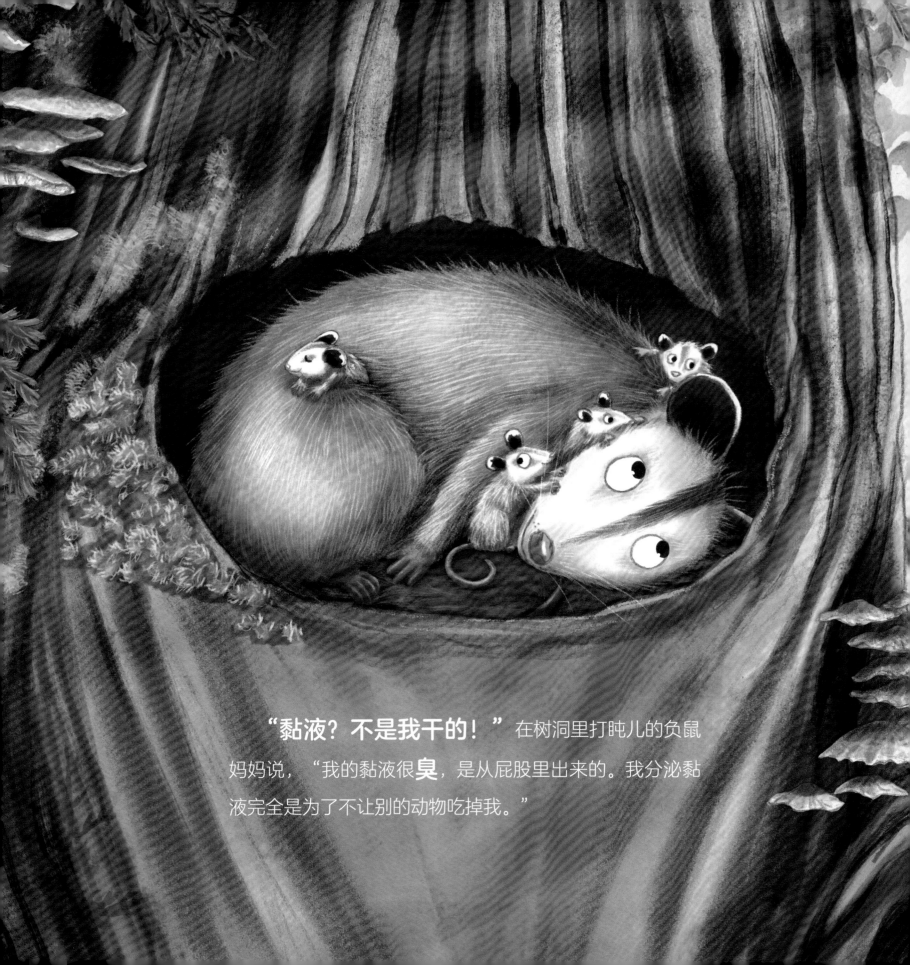

"**黏液？不是我干的！**"在树洞里打盹儿的负鼠妈妈说，"我的黏液很**臭**，是从屁股里出来的。我分泌黏液完全是为了不让别的动物吃掉我。"

"够了够了！"莱尼边说边往后退。他不想听这些细节，只想找到那个制造黏液的讨厌鬼，然后他要回去吃东西。

"一定是哪个家伙干的，"莱尼说，**"还有谁会分泌黏液呢？"**

"也许是黏菌，"负鼠妈妈说，

"树林里到处都是黏菌。"

"你就是那个黏糊糊的捣蛋鬼吗？" 莱尼指着一团黄色黏菌问。

"它听不见你说话，也不会回答你。"负鼠妈妈说，"黏菌不是动物，它连植物都算不上。"

不过这不重要，黏菌并没那么黏。

"我要找到那个**制造黏液的麻烦精**，无论如何都要找到他！"莱尼说，"等找到他，我就去大吃一顿！"

莱尼爬下悬崖，来到海滩上。

"黏液？不是我干的……不是吧？" 一条正在礁石边觅食的加州羊头鱼说，"黏液我倒是有，我会用它吹个又黏又滑的睡袋，在我睡觉的时候保护我。你想看看吗？"

莱尼不敢相信自己的耳朵，不，是自己的眼睛！但一切就在眼前，加州羊头鱼**黏糊糊的睡袋**不是他要找的东西。

"真抱歉，"加州羊头鱼说，"你说的黏液听起来更稀薄。"

"稀薄的黏液？是我的吗？"一只正在岸边玩耍的海豚问，"我的呼吸孔倒是能喷出水和黏液。大多数海洋生物都有黏液，他们的黏液各有用处。"

海豚制造的"喷泉"真壮观，但它一点儿也不像莱尼的皮毛上粘的那种**黏糊糊的东西**。

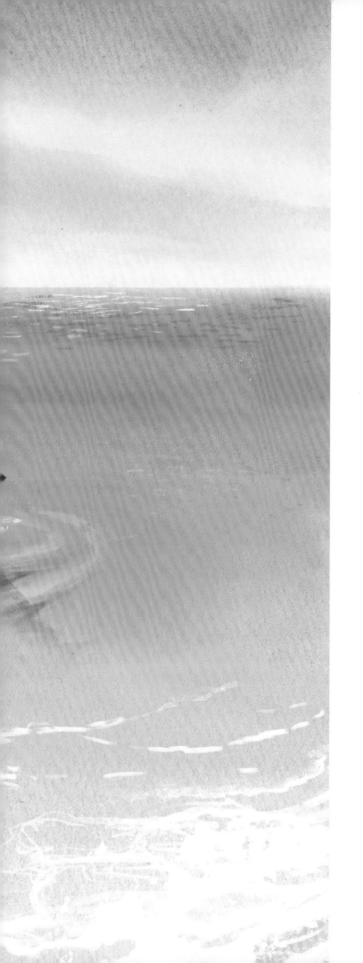

可怜的莱尼，白忙活了半天。他浑身**又黏又腻**，饿得头昏眼花。

"我还是先吃点儿东西吧，"莱尼说，"吃饱了才有力气思考。"

谁知，当莱尼转身准备离开的时候……

一大团绿色的**黏液**喷到了莱尼的鼻子上。

"太过分了！"莱尼生气地大叫，**"这次又是谁干的？！"**

啪！

"对不起，是我！"一只海狮懒洋洋地趴在礁石上喊道，"我正用黏液湿润我的眼睛和鼻子。我能把它吐得很远。"

海狮的黏液绝对够**黏稠**，可是……

它仍然不是莱尼要找的那种**黏糊糊的东西**。

"我们狐猴也分泌黏液，"莱尼气呼呼地说道，"可我们从不乱喷，也从不蹭啊，丢啊，吐啊，弄得到处都是！"

"真的吗？"动物们说，"你也分泌黏液？"
"当然了，就是我的鼻涕，它能帮助我清除细菌。"

"你该不会用手指把它抠出来吧？"海狮说，"我见过人类这样做，那真是糟糕的习惯。"

"怎么可能！"莱尼说，"我才不会用手指呢！我只会用……"

"看我的舌头！"

吸溜！

为了让大伙儿看明白，莱尼马上将两个鼻孔舔干净了，不过他还留了一点儿，打算下次舔。

顿时，大家都不说话了，一片寂静。只有海狮十分佩服，拍手称赞道："真厉害！"

"这没什么大不了的。"莱尼骄傲地说。

莱尼在海滩边找了个安静舒适的地方，摘了一颗鲜美的果子，坐下来准备享用。

他确信自己永远不可能破解这个**棘手**的黏液谜团了，就在这时……

救命！

一个微弱的声音传来，似乎来自很远很远的地方。

"是我的黏液！"

也许是说话的动物个头太小了，莱尼环视四周，连个影子也没瞧见。

"我在下面！"原来声音是从莱尼的屁股下面传来的。莱尼撅起屁股一看，一条小鼻涕虫正趴在他的屁股上。

"我们鼻涕虫依靠黏液在地上爬行。我们的黏液就像胶水，当我们感到危险时，就会用黏液把自己牢牢地粘在周围的东西上。刚才我一直粘在你身上，真对不起！"

其实，鼻涕虫不需要道歉。麻烦的**黏液谜团**终于解开了。

莱尼高兴极了！

莱尼小心翼翼地把鼻涕虫带回树林。
然后，他找了个干净舒服、没有黏液的
地方吃东西。

开吃啦！

等了这么久的美餐，终于可以享
用了。可是，他刚要大口开吃，却突
然停住了。

一直在聊**恶心**的黏液，真倒胃口，莱尼连最爱的水果也不想吃了！

"没关系，"莱尼说着，把水果放在一边，"我知道什么东西最合我的口味……"

关于动物们的真相！

火蝾螈身体的皮肤能够辅助它们呼吸，它们的皮肤上覆盖着具有保湿作用的黏液。

无论如何，千万别吓到负鼠！负鼠一旦受到威胁，就会装死，并从屁股那里释放出一种很臭的绿色黏液。

黏菌既不是植物也不是动物，它们由大量单细胞组成。黏菌能移动，甚至会走迷宫。真不可思议！

夜间，加州羊头鱼会吹出一个黏糊糊的"睡袋"把自己裹起来，以防止捕食者嗅到它们的气味。加州羊头鱼的"睡袋"既舒服又安全！

与人类一样，**环尾狐猴**也会分泌鼻涕。它们会用舌头把鼻涕舔干净。你会怎么做？！

海豚通过呼吸孔喷出空气、水和黏液的混合物，就像喷泉那样"噗噗"地向外喷。

千万别靠近**海狮**，它们的口水和喷嚏可是出了名的——黏糊糊，而且能被喷得很远。

鼻涕虫（蛞蝓）分泌的黏液黏性极强。科学家利用它们黏液的特性研制出了新型医用强力胶水。

NIANYE! SHI SHUI DE?

出版统筹：汤文辉　　　　　　责任编辑：戚　浩
质量总监：李茂军　　　　　　助理编辑：王丽杰
选题策划：郭晓晨　张立飞　　美术编辑：易海军
版权联络：郭晓晨　张立飞　　营销编辑：宋婷婷
责任技编：郭　鹏

著作权合同登记号桂图登字：20-2022-074 号

图书在版编目（CIP）数据

黏液！是谁的？/（英）克莱尔・海伦・韦尔什著；（英）妮古拉・奥伯恩绘；
朱雯霏译. 一桂林：广西师范大学出版社，2022.8
　（有味道的动物科普）
　ISBN 978-7-5598-5093-5

Ⅰ. ①黏… Ⅱ. ①克… ②妮… ③朱… Ⅲ. ①动物—儿童读物
Ⅳ. ①Q95-49

中国版本图书馆 CIP 数据核字（2022）第 101724 号

广西师范大学出版社出版发行

（广西桂林市五里店路 9 号　邮政编码：541004 ）
（网址：http://www.bbtpress.com ）
出版人：黄轩庄
全国新华书店经销
北京博海升彩色印刷有限公司印刷
（北京市通州区中关村科技园通州园金桥科技产业基地环宇路 6 号　邮政编码：100076）
开本：787 mm × 1 092 mm　1/12
印张：$3\frac{4}{12}$　　　　字数：40 千字
2022 年 8 月第 1 版　　2022 年 8 月第 1 次印刷
定价：48.00 元

如发现印装质量问题，影响阅读，请与出版社发行部门联系调换。

献给凯兰一家。

——克莱尔·海伦·韦尔什

献给劳拉、威尔、利、埃丽卡、欧文，以及所有医护人员。

——妮古拉·奥伯恩